Thilo Lang, Martin Graffenberger, Lukas Vonnahme
Innovationsräume

Dialektik des Globalen. Kernbegriffe

Herausgegeben vom Sonderforschungsbereich 1199 „Verräumlichungsprozesse unter Globalisierungsbedingungen" der Universität Leipzig, dem Leibniz-Institut für Geschichte und Kultur des östlichen Europa und dem Leibniz-Institut für Länderkunde

Band 11

Thilo Lang, Martin Graffenberger,
Lukas Vonnahme

Innovationsräume

—

DE GRUYTER
OLDENBOURG

Gefördert von der Deutschen Forschungsgemeinschaft

Deutsche Forschungsgemeinschaft

ISBN 978-3-11-063270-5
e-ISBN (PDF) 978-3-11-063287-3
e-ISBN (EPUB) 978-3-11-063293-4

Library of Congress Control Number: 2019946158

Bibliografische Information der Deutschen Nationalbibliothek
Die Deutsche Nationalbibliothek verzeichnet diese Publikation in der Deutschen Nationalbibliografie; detaillierte bibliografische Daten sind im Internet über http://dnb.dnb.de abrufbar.

© 2019 Walter de Gruyter GmbH, Berlin/Boston
Typesetting: bsix information exchange GmbH, Braunschweig
Titelbild: Standort und beispielhaftes Netzwerk der Firma Mühle, Hersteller hochwertiger Accessoires für die Nassrasur, im sächsischen Stützengrün. Quelle: M. Graffenberger
Druck und Bindung: CPI books GmbH, Leck

www.degruyter.com

Inhalt

1 Einleitung —— 1

2 Was sind eigentlich Innovationen? —— 4

3 Inwiefern gibt es innovative Räume? —— 7

4 Garagen, Labore und offene kreative Orte als Innovationsräume —— 9

5 Gründerzentren, Technologieparks und Forschungseinrichtungen im Kontext der Wirtschafts- und Innovationsförderung —— 12

6 Stadtregionen als Innovationsräume —— 16

7 Innovation als dynamischer, nicht territorial gefasster Prozess —— 20

8 Alternative Formen von Nähe und Distanz in Innovationsprozessen —— 26

9 Innovationsräume am Beispiel von Weltmarktführern in Deutschland —— 34

10 Zusammenfassung —— 37

1 Einleitung

Die wirtschaftliche Entwicklung von Dörfern, Städten und Regionen hängt zu großen Teilen von der Inwertsetzung von Wissen ab. Wissensressourcen und darauf aufbauende Innovationsaktivitäten scheinen allerdings in räumlicher Hinsicht recht ungleich verteilt zu sein – genauso wie auch die regionale Wirtschaftskraft. Dieser Band hinterfragt daher die Zusammenhänge von Innovation und Raum und beleuchtet verschiedene Phänomene, die im Begriff der Innovationsräume angelegt sind. Der Begriff eignet sich in hervorragender Weise für die Diskussion räumlicher Aspekte im Innovationsgeschehen, weil er multiskalar verwendet wird und unterschiedliche Konzepte von „Raum" nutzt. So werden unter anderem bisweilen Labore und Werkstätten, Räume gemeinschaftlichen Lernens und Arbeitens (wie zum Beispiel Co-working Spaces oder Konferenzräume), Hochschulen und Forschungseinrichtungen, Gründer- und Innovationszentren, Technologieparks und regionale Wirtschaftscluster, aber auch ganze Großstadtregionen, Landesteile und Weltregionen als Innovationsräume bezeichnet. Dass Räume an sich nicht innovativ sein können, wird dabei in aller Regel übergangen. So wird in verkürzter Weise impliziert, dass es (innovative und weniger innovative) Räume gibt, die augenscheinlich auf eine besondere Weise das Auftreten von Innovationen ermöglichen und andere, die das nicht tun.

Die genannten Beispiele möglicher Innovationsräume bieten spezifische, konzeptionell recht unterschiedlich gefasste Rahmenbedingungen und Voraussetzungen zur Inwertsetzung von Wissen und zur Innovationsgenerierung. Letztlich sind Innovationen aber nicht ausschließlich von Kontextbedingungen abhängig, sondern ebenso von den in den Innovationsräumen agierenden Akteuren und ihren sozialen (kommunikativen, kreativen, unternehmerischen, ...) Praktiken, durch die unterschiedlichste Voraussetzungen für das Entstehen von Innovationen erschlossen werden. Aus der Perspektive des Sonderforschungsbereichs 1199 „Verräumlichungsprozesse unter Globalisierungsbedingungen" erscheint die im Begriff der Innovationsräume – meist implizit – angelegte Logik besonders problematisch, da sie in einer zunehmend international vernetz-

---

Für anregende Diskussionen über die diesem Text zugrunde liegenden Grundpositionen danken wir den Kolleginnen und Kollegen aus dem Sonderforschungsbereich 1199 „Verräumlichungsprozesse unter Globalisierungsbedingungen" – insbesondere Matthias Middell für wertvolle Hinweise zu dem diesem Beitrag zugrundeliegenden Manuskript, Matthias Brachert, Oliver Ibert, Johannes Glückler und Franziska Görmar. Für begleitende Recherchen und Arbeiten gilt unser besonderer Dank Johannes Fenske.
Die diesem Text zugrundeliegende Forschung wurde durch die DFG (SFB 1199) und das BMBF (Horizonte erweitern – Perspektiven ändern; 03IO1705) ermöglicht.

ten und durch multiple Beziehungen charakterisierten Welt der globalen Wissensökonomie klar abgrenzbare Räume ins Zentrum stellt.

Mit dem vorliegenden Band wollen wir diese territoriale Fixierung hinterfragen und durch einen explizit multiskalaren Ansatz durchbrechen. In den folgenden beiden Abschnitten erläutern wir zunächst aus theoretischer Perspektive das Verständnis von Innovation, das diesem Band zugrunde liegt und diskutieren anschließend die Frage inwiefern es überhaupt innovative Räume geben kann und welche Eigenschaften mit ihnen verbunden werden. In den Abschnitten vier, fünf und sechs diskutieren wir unterschiedliche Typologien von Innovationsräumen auf verschiedenen Maßstabsebenen: Garagen, Labore und offene kreative Orte als kleinteilige Innovationsräume (Abschnitt vier), Gründerzentren, Technologieparks und Forschungseinrichtungen als Innovationskomplexe im Kontext der Wirtschafts- und Wissenschaftsförderung (Abschnitt fünf) sowie Stadtregionen als Innovationsräume (Abschnitt sechs). Da alle diese Typen in ihrer Räumlichkeit klar gefasst sind, diskutieren wir im Abschnitt sieben neuere Konzeptualisierungen von Innovation als dynamischen, nicht territorial gefassten Prozess. Im Abschnitt acht thematisieren wir folglich alternative Formen von Nähe und Distanz in Innovationsprozessen, die im Diskurs zum Zusammenhang von Innovation und Raum bisher aus unserer Sicht zu wenig Beachtung finden. Diese alternativen Formen von Nähe und Distanz illustrieren wir am Ende unseres Beitrags am Beispiel von Weltmarktführern in Deutschland, für die geographische Nähe in Form von Ko-Lokation eine geringere Bedeutung zu haben scheint, als andere Formen von Nähe.

Unsere Ausführungen beleuchten wir begleitend mit Beispielen spezifischer Innovationsräume auf verschiedenen räumlichen Ebenen und mit unterschiedlichen Ausprägungen innovationsrelevanter Faktoren. In Karten, Fotos und Grafiken erschließen wir dadurch so unterschiedliche Räume wie Labore, Computer-Arbeitsplätze und andere (kollektive) Arbeitsräume, Gebäude und Gebäudekomplexe der (Wissens-)Produktion, sowie Städte und Regionen als Innovationsräume. Weiterhin schließen wir auch alternative Zugänge zu Innovationsräumen als temporäre, virtuelle oder vernetzte Räume in unsere Betrachtungen ein.

Innovationsräume in allen diesen Beispielen können als Knoten und Begegnungsräume in unterschiedlichen Formen von sozialen, translokalen oder virtuellen Netzwerken konzeptualisiert werden. Wir betrachten sie damit zwar als räumlich verwurzelt, aber nicht als räumlich begrenzt.[1] Mit diesem Zugang be-

---

[1] K. Koschatzky, „Innovation und Raum – Zur räumlichen Kontextualität von Innovationen", In: P. Dannenberg et al. (Hrsg.) Innovationen im Raum – Raum für Innovationen, Arbeitsmaterial der ARL 348 (2009), Hannover: Akademie für Raumforschung und Landesplanung, S. 6–

tonen wir eine dynamische, räumlich offene, relationale und akteursbezogene Perspektive, die in den letzten Jahren gegenüber strukturalistischen Ansätzen zunehmend an Bedeutung gewinnt. Mit diesem Band wollen wir das Verständnis räumlicher Kontexte von Innovationsaktivitäten in diesem Sinne weiterentwickeln. Unseren Textbeitrag haben wir mit einer durchgehenden Grafikstrecke untersetzt. Die Zusammenstellung verschiedener Blickwinkel bleibt dabei bewusst kursorisch und soll zu eigenen Reflektionen zum Verhältnis von Raum und Innovation anstoßen. Text und Grafikstrecke ‚funktionieren' dabei unabhängig voneinander, nehmen aber dennoch aufeinander Bezug.

---

17. Zur Verwendung des Begriffs s.a. I. Gerstbach, Innovationsräume. Raumkonzepte für agile Teams. München: Hanser, 2019; und R. Schwinges et al. (Hrsg.), Innovationsräume. Woher das Neue kommt – in Vergangenheit und Gegenwart. Zürich: vdf, 2001.

2 Was sind eigentlich Innovationen?

Das Innovationskonzept ist Gegenstand vielfältiger Forschungsfelder und nimmt in der Debatte um regionale Entwicklung eine zentrale Position ein. Die breite Verwendung des Begriffs in unterschiedlichen Kontexten wie Wirtschaft, Politik, Wissenschaft und Medien hat jedoch dazu geführt, dass die spezifische Bedeutung des Begriffs selten klar ist und Innovation vielmehr als unspezifischer Platzhalter für Wandel, Fortschritt und Moderne herangezogen wird. Wir konzentrieren uns in diesem Band auf Innovationen im Sinne von Schumpeter[2] und die Mainstream-Ökonomie in klassischen Wirtschaftsunternehmen, wenngleich viele unserer Ausführungen auch auf soziale Innovationen und alternative Formen des Wirtschaftens übertragbar sind (dabei aber in vielerlei Hinsicht andere Ausprägungen annehmen). Eine spezifische definitorische Annäherung, die auch innerhalb wirtschaftsgeographischer und ökonomischer Forschungsarbeiten breite Verwendung findet, liefert das Oslo Manual der OECD. Hier wird Innovation definiert als „the implementation of a new or significantly improved product (good or service), or process, a new marketing method, or a new organizational method in business practices, workplace organization or external relations."[3]

Ausgehend von diesem eher breiten und inklusiven Verständnis, können Innovationen vielfältige Formen annehmen. In der wissenschaftlichen Literatur haben sich verschiedene Analysekonzepte im Hinblick auf Innovationen gebildet, die auf Vergleichbarkeit der Innovationsbegriffe und -prozesse abzielen. Die älteste Form der Differenzierung liefert Usher (1929) mit der Unterscheidung zwischen inkrementellen (bspw. Varianten eines Produkts basierend auf Lernprozessen, kumulierter Erfahrung und Experimentieren) und radikalen Innovationen, welche oftmals bestehende Produkte und Methoden obsolet machen.[4] Weitere Unterscheidungen werden beispielsweise zwischen Produkt- und Prozessinnovationen getroffen. Produktinnovationen beschreiben hierbei ein neues oder deutlich verbessertes Produkt, welches am Markt eingeführt wird. Prozessinnovationen behandeln hingegen eine Verbesserung der Produktionstechnologie.

---

[2] J.A. Schumpeter, *Theorie der wirtschaftlichen Entwicklung*, Berlin: Dunker & Humboldt, 1911 (1997).
[3] OECD und Eurostat, *Oslo Manual: Guidelines for Collecting and Interpeting Innovation Data*, Paris, 2005, S. 46.
[4] A.P. Usher, *A History of Mechanical Inventions*, New York, NY: McGraw-Hill, 1929; zur weiteren Unterscheidungen W.M. Cohen und S. Klepper, „Firm Size and the Nature of Innovation within Industries: The Case of Process and Product R&D", *The Review of Economics and Statistics* 78 (1996) 2, S. 232–243.

Ob es sich um bei Innovationen um eher inkrementelle Verbesserungen oder radikale Neuerungen handelt, ist im oben dargelegten Verständnis offengehalten. Es grenzt sich daher von einer verengten Innovationsindikatorik (insbesondere Forschungs- und Entwicklungsaufwendungen, Patente) und damit verbundenen dominanten empirischen Zugängen ab. Innovationen die nicht auf FuE-Aktivitäten beruhen bzw. nicht in Patentanmeldungen münden, werden in (hoch)technologiezentrierten Zugängen per se ausgeblendet. Gemessen an der Breite möglicher Innovationsformen wird ein solch verengter Zugang der vielfältigen Innovationspraxis nur unzureichend gerecht, da die Generierung inkrementeller Innovationen überwiegt. Damit geht eine substantielle Untererfassung des gesamten Innovationsgeschehens einher, die insbesondere agglomerationsferne Regionen und deren Akteure betrifft.[5] Durch die Konzentration von FuE-Ressourcen, Hightech-Industriezweigen, sowie Patentanmeldungen in Agglomerationsräumen, ist gerade im agglomerationsfernen Raum der Anteil nicht-forschungsindizierter Innovationen besonders hoch.[6]

Aus theoretischer Perspektive lässt sich das Innovationskonzept anhand dreier Charakteristika konzeptualisieren: Prozessorientierung, Wissensfundierung und Interaktivität. Innovation repräsentiert einen evolutionären Prozess, der sich am aktuellen Technologie- bzw. Entwicklungsstand in relevanten Feldern ausrichtet und folglich an bestehenden Kapazitäten von Organisationen und Individuen anknüpft. Insofern lassen sich auch im Ergebnis signifikante und radikale Neuerungen im Kern als Kette kleinteiliger, kumulativ betrachtet jedoch bedeutender, Entwicklungen verstehen. Wissen gilt folglich als zentrales Ergebnis von Innovationsprozessen, fungiert jedoch ebenso als essentielle Ressource. Im Rahmen von Innovationen wird neues Wissen generiert, bzw. existierendes Wissen und Wissensquellen in neuer Weise zusammengeführt. Organisatorische wie individuelle Lernprozesse gelten somit als Schlüssel erfolgreicher Innovationsaktivitäten. Der Wandel hin zu zunehmend wissensbasierten Knowledge Economies untermauert die zentrale Funktion der Ressource Wissen.[7] Innovationsprozesse basieren dabei sowohl auf organisationsinternen Kompeten-

---

[5] S. Brink et al., „Innovationstätigkeit des nicht-forschenden Mittelstands", IfM Materialien 266 (2018), S. 201; J. Eder, „Innovation in the Periphery: A Critical Survey and Research Agenda", *International Regional Science Review* 42 (2018) 2, S. 119–142; R. Shearmur, „Urban bias in innovation studies", In: H. Bathelt et al. (Hrsg.) *The Elgar Companion to Innovation and Knowledge Creation*, Cheltenham: Edward Elgar, 2017, S. 440–456.
[6] R. Meng, *Verborgener Wandel: Innovationsdynamik in ländlichen Räumen Deutschlands – Theorie und Empirie*, Mannheim, 2012; T. Hansen und L. Winther, „Innovation, regional development and relations between high- and low-tech industries", *European Urban and Regional Studies* 18 (2011) 3, S. 321–339; S. Henn und P. Werner, Erfinderaktivitäten in Deutschland – Patente, Gebrauchsmuster, Marken und Design, Nationalatlas aktuell 10 (2016) 9.

zen als auch externen Wissensbeständen. Organisationsinterne Kompetenzen wie technologisches Know-how, spezifische Humanressourcen, Produktionserfahrungen und Routinen sowie deren effektive Orchestrierung gelten weithin als Basis unternehmerischer Wettbewerbsfähigkeit.[8] Gleichzeitig lässt sich beobachten, dass interne Kompetenzen alleine für nachhaltigen Innovationserfolg und Wettbewerbsfähigkeit nicht genügen. Um den steigenden Anforderungen hinsichtlich (technologischer) Komplexität und Unsicherheit gerecht zu werden, müssen innovierende Organisationen zunehmend externes Wissen mobilisieren.[9] Diese Kooperationen bilden sich in den innovationsbezogenen Netzwerkbeziehungen von Organisationen ab. Innovation stellt somit einen (zunehmend) arbeitsteiligen Prozess dar. Interaktion fungiert demnach als essentieller Mechanismus, sowohl um interne Kompetenzen strategisch zu sichern und auszubauen, als auch um externe Wissensquellen zu mobilisieren und zu erschließen. In diesem Zusammenhang wird seit einiger Zeit insbesondere das ‚Open Innovation' Paradigma diskutiert.[10] Das Open Innovation Verständnis betont zweckmäßige, d.h. strategisch initiierte Wissensflüsse zwischen Organisationen und Individuen. Diese Wissensflüsse können interne Innovationsprozesse stimulieren (Zuflüsse), sich aber auch nach außen richten und externe Akteure und Märkte betreffen (Abflüsse). Netzwerke lassen sich als zentrales Instrument verstehen, über welches Organisationen auf externes Wissen zugreifen sowie Komplexitäten ihrer Innovationprozesse moderieren. Netzwerke werden somit zum fundamentalen Bestandteil innovationsbezogener Praktiken.[11] Dies wiederum bedeutet, dass Aktivitäten zum Wissens- und Technologietransfer, also die Fähigkeit entsprechende Transferkanäle zu mobilisieren und diese effektiv auszugestalten, im Innovationskontext eine tragende Rolle spielen.

---

[7] B.A. Lundvall und B. Johnson, „The learning economy", *Journal of Industry Studies* 1 (1994), S. 23–42; A. Amin und P. Cohendet, Architectures of Knowledge: Firms, Capabilities, and Communities, Oxford: Oxford University Press, 2004.
[8] J.N. Foss, Resources, firms and strategies: A reader in the resource-based perspective, Oxford: Oxford University Press, 1997; M. Taylor und B. Asheim, „The Concept of the Firm in Economic Geography", *Economic Geography* 77 (2001) 4, S. 315–328.
[9] K. Koschatzky, Räumliche Aspekte im Innovationsprozess: Ein Beitrag zur neuen Wirtschaftsgeographie aus Sicht der regionalen Innovationsforschung, Münster: LIT, 2001.; J. Fagerberg, „Innovation: A Guide to the Literature", In: J. Fagerberg et al. (Hrsg.) The Oxford Handbook of Innovation, Oxford: Oxford University Press, 2006, S. 1–27
[10] H. Chesbrough, Open Innovation: The New Imperative for Creating And Profiting from Technology, Cambridge, MA: Havard Business Press, 2003.
[11] W. Rammert, „Innovation im Netz: Neue Zeiten für technische Innovationen: heterogen verteilt und interaktiv vernetzt", *Soziale Welt* 48 (1997) 4, S. 397–415.

3 Inwiefern gibt es innovative Räume?

Räume verstehen wir grundsätzlich als ein Ergebnis sozialer Prozesse – sie werden durch das Handeln und über den Diskurs darüber hergestellt. Räume werden also dadurch innovativ, dass wir sie als solche darstellen und Räume, die beispielsweise über eine besondere Dichte von Innovationsprozessen verfügen, als innovativ bezeichnen. Gleiches gilt allerdings für Innovationen; auch sie sind als Ergebnisse sozialer Prozesse zu verstehen. Das den Innovationsprozess konstituierende Handeln von innovationsrelevanten Akteuren hat dabei immer eine räumliche Komponente, auch wenn dies häufig nicht auf den ersten Blick ersichtlich ist. So werden in der Regel zu verschiedenen Zeitpunkten eines Innovationsprozesses unterschiedlich verortete Wissensquellen erschlossen und Akteure an verschiedenen Standorten einbezogen. Zum Wissensaustausch und zur Wissensgenerierung müssen dabei immer wieder unterschiedlich große Distanzen überwunden werden. Hinzu kommt, dass die Gestaltung und Architektur von Gebäuden, Orten und physisch-räumlichen Strukturen wie auch sozialräumliche, kulturelle und politische Kontextbedingungen die Kreativität von Personen und das Innovationsgeschehen im Allgemeinen beeinflussen. So scheint es zumindest physisch-räumliche Konstellationen zu geben, die besonders förderlich für Innovationen sind. Dies mag auf der Mikroebene einzelner Arbeitsräume und Gebäude noch gut nachzuvollziehen sein, wenn es bspw. um ideale Laborbedingungen, ungestörtes Arbeiten, Zugang zu erforderlichen Infrastrukturen und Geräten oder kommunikationsfördernde Architektur geht. Komplexer wird der Zusammenhang von Innovation und Raum auf der Ebene von Städten, Gemeinden und Regionen. Hier werden häufig in verkürzter Weise Räume als innovativ bezeichnet, wenn sie eine überdurchschnittliche Konzentration von Wissenseinrichtungen (wie z.B. Hochschulen und Forschungsinstitute) und Wissensakteuren (wie z.B. innovative Unternehmen oder hochqualifizierte Beschäftigte) aufweisen.

Durch ihren Fokus auf regionale Agglomerationen und Cluster, Global Cities als Knotenpunkte der internationalen Wissensökonomie wie auch auf Städte als Nährböden für Kreativität und Innovation sehen dominante wirtschaftsgeographische Diskurse diese förderlichen Konstellationen vor allem in großstädtischen Ballungsräumen und stilisieren diese bisweilen gar als Orte besseren Lebens.[12] Wenig Beachtung findet dabei die Tatsache, dass räumliche

---

12 M.E. Porter, „Clusters and the New Economics of Competition", *Harvard Business Review* 76 (1998) 6, S. 77–90; S. Sassen, *The Global City: New York, London, Tokyo*, Princeton, New York: Princeton University Press, 2001; R. Florida et al, „The City as Innovation Machine", *Regional*

Nähe keine notwendige Voraussetzung für den Zugang zu solch konzentriert auftretenden Ressourcen ist.

Erst in jüngerer Vergangenheit hat sich eine neue Debatte in der wirtschaftsgeographischen Forschung etabliert, die die Bedeutung räumlicher Nähe neu bewertet und in den Kontext anderer Formen von Nähe und Distanz – wie bspw. soziale oder organisationsspezifische – einbettet. Diese anderen Formen können unter Umständen relevanter für den Wissensaustausch und die Genese neuer Ideen sein als räumliche Entfernungen. Darüber hinaus existiert mittlerweile eine Reihe von Studien, die verschiedene Arten und Formate des Wissenstransfers über Entfernungen hinweg als vorteilhaft und bedeutsam für innovative Unternehmen herausgearbeitet haben (z.B. Projektnetzwerke, internationale Messen als temporäre Cluster, virtuelle Kommunikation).[13]

Die Bedeutung von lokalen oder regionalen Netzwerken und Wirtschaftsclustern, von international vernetzten Metropolen und Global Cities wie auch von Städten als Orte der kreativen Klasse sollen mit diesem erweiterten Blickwinkel keinesfalls infrage gestellt werden. Verkehrt scheint jedoch der Umkehrschluss zu sein, nämlich dass Räume, die nicht über eine hohe Dichte von Wissenseinrichtungen, Kreativen und hochgradig international vernetzten Akteuren der Wirtschaft verfügen, als nicht-innovativ oder gar innovationsfeindlich dargestellt werden. Solchermaßen als ‚peripher' gelabelte Räume sollten daher nicht als Defiziträume konzeptualisiert werden, sondern als Räume mit spezifischem Innovationscharakter und eigenen Qualitäten.[14]

Studies 51 (2017) 1, S. 86–96; E.L. Glaeser, *Triumph of the City: How Our Greatest Invention Makes Us Richer, Smarter, Greener, Healthier, and Happier,* New York: Penguin Books, 2011.

13 Zur Neubewertung von Nähe siehe u.a. R. Boschma, „Proximity and Innovation: a Critical Assessment", *Regional Studies* 39 (2005) 1, S. 61–74. Für einen Überblick über Formen des Wissenstransfers über Distanz siehe H. Bathelt und S. Henn, „The Geographies of Knowledge Transfers over Distance: toward a Typology", *Environment and Planning A* 46 (2014) 6, S. 1403–1424.

14 M. Kühn, *Peripherisierung und Stadt: Städtische Planungspolitiken gegen den Abstieg,* Bielefeld: transcript, 2016, S. 39; J. Eder und M. Trippl, „Innovation in the periphery: compensation and exploitation strategies", *Papers in Economic Geography and Innovation Studies* 07 (2019), S. 1–17; M. Graffenberger, L. Vonnahme, „Questioning the ‚periphery label' in economic geography: entrepreneurial action and innovation in South Estonia", In: *ACME: An International Journal for Critical Geographies* 18 (2): S. 529-550.

4 Garagen, Labore und offene kreative Orte als Innovationsräume

Der Mythos von Garagen als Räume für Innovation hat seinen Ursprung im heute als Synonym für eine High-Tech Regionen fungierenden ‚Silicon Valley'. Dort, in der 367 Addison Avenue in einem Wohngebiet in Palo Alto, wird eine kleine, unscheinbare Garage gar als ‚Geburtsort' des Silicon Valley bezeichnet[15] – und zwar auch von offizieller Seite (National Register of Historic Places). Genau in dieser Garage haben Ende der 1930er Jahre William Hewlett und David Packard das erste Produkt von Hewlett-Packard ertüftelt, einer Firma die sich im Laufe der Zeit als Technologiekonzern mit Weltruf etablieren konnte und nach wie vor zu den weltweit größten Softwareanbietern und Computerherstellen zählt. Auf der Liste der kalifornischen ‚Garagepreneurs' finden sich zudem die Gründer weiterer Weltkonzerne wie Walt Disney, Google, Amazon oder Apple. Heute sind diese Startup-Garagen essentieller Teil der vielfältigen Folklore rund um das Silicon Valley. In diesen Narrativen zeigen sich zudem die vielfältigen Verflechtungen, die zwischen unterschiedlichen Innovationsräumen existieren können, und dass regionale Innovationsräume wie das Silicon Valley in vielfacher Hinsicht mit kleiner skalierten Innovationsräumen, wie eben Garagen, Laboren und anderen Experimentierorten, in Beziehung standen und stehen.

Auch vor diesem Hintergrund lässt sich weltweit in den letzten Jahren ein rasanter Anstieg der Zahl offener kreativer Orte wie Co-Working Spaces, Makerspaces, Hackerspaces, Fab Labs etc. beobachten.[16] Trotz Unterschiedlichkeiten bieten diese physischen, präfigurativen Orte Räume und Freiräume zum hand-

---

15 R. Linder, *Silicon Valley: Jenseits der Garagenlegende*, 2012, FAZ – Frankfurter Allgemeine Zeitung. https://www.faz.net/aktuell/wirtschaft/unternehmen/silicon-valley-jenseits-der-garagenlegende-11907278.html?printPagedArticle=true#pageIndex_0 [abgerufen am 15.04.2019]; O. Erlanger, L. Ortega Govela, *Garage*, Cambridge, MA: The MIT Press, 2018.

16 Co-Working Spaces sind Orte, an denen sich unabhängig voneinander arbeitende Personen Infrastrukturen (Büroraum, soziale und technisch-digitale Infrastrukturen) teilen; Makerspace sind Orte, die mit analogen/digitalen Werkzeugen für die Umsetzung kreativer Vorhaben ausgestattet sind und zum Erfahrungsaustusch zwischen Nutzer_innen anregen sollen; Hackerspaces sind physische Orte die eher virtuellen (Hacker)Communities Möglichkeit zum physischen Austausch und zum gemeinsamen modifizieren/experimentieren/produzieren bieten; Fab Labs (Fabrication Labs) sind Orte, die mit Produktionsmitteln wie 3D-Drucker, Lasercutter, CNC-Fräsen u.a. ausgestattet sind und die Umsetzung individueller Projekte oder die Herstellung von Prototypen/Kleinserien und zudem zu technologiebezogener Sensibilisierung/Vermittlung beitragen sollen (siehe S. Schmidt et al., *Open Creative Labs: Typologisierung, Verbreitung und Entwicklungsbedingungen*. Erkner: Leibniz-Institut für Raumbezogene Sozialforschung, 2016.)

werklichen, technologischen oder künstlerischen Experimentieren und breiten Zugang zu Technologien und Wissen. So können diese kreativen Orte als Initiativen verstanden werden, denen die experimentierfreudige Garagenmentalität und damit die Aussicht auf Kreativität, Technologieentwicklung und Innovation innewohnt. Die bewusst gemeinsame und gemeinschaftliche Nutzung von Ressourcen sowie der intendierte Austausch von Wissen, Erfahrungen, Materialien, Werkzeugen, Maschinen und Artefakten schafft produktive Synergien zwischen den Nutzer_innen und trägt gleichzeitig zur fortwährenden Formung gemeinsamer kultureller Sichtweisen und Wertvorstellungen bei.[17]

Somit gelten diese Spaces und Plattformen nicht nur als fruchtbare Interaktions-, Kollaborations- und Innovationsplattformen, als Wiege innovativer Geschäftsideen und Sprungbrett für Start-Ups sowie als Möglichkeiten zur (Wieder)Belebung lokaler Produktionsstrukturen, sondern nicht zuletzt auch als Treiber sozialer Teilhabe, Demokratisierung und Nachhaltigkeit.[18] Co-working Spaces und andere kollaborative Innovationsräume gelten damit als vielversprechender Ansatz, Prozesse lokaler und regionaler Entwicklung und gesellschaftlicher Innovation anzustoßen und zu verstetigen und stehen daher auch seit Kurzem im Interesse von Wirtschaft und Politik. Offene kreative Orte als Innovationsräume illustrieren zudem Wandel und Umstrukturierungen gegenwärtiger Arbeitswelten im Hinblick auf Aspekte wir Projektorientierung, Flexibilisierung sowie Kopplung zwischen physischen und virtuellen Elementen. Erste Untersuchungen zur räumlichen Verteilung dieser offen kreativen Orte machen deutlich, dass diese bislang überwiegend ein urbanes Phänomen darstellen und sich innerhalb kontaktdichter, wissensintensiver und kreativer Kontexte besonders gut und dynamisch entwickeln können.[19] Somit scheinen offene kreative Orte als Innovationsräume zunächst recht eindeutige Präferenzen für klassische Agglomerationsvorteile wie Dichte, Nähe und Diversität zu zeigen – auch wenn die Zahl der Co-Working Spaces außerhalb der Agglomerationsräume zunimmt.

---

17 S. Schmidt et al., „Innovation and Creativity Labs in Berlin: Organizing Temporary Spatial Configurations for Innovations", *Zeitschrift für Wirtschaftsgeographie* 58 (2014) 4, S. 232–247.
18 G. de Peuter und N.S. Cohen, „Emerging Labour Politics In Creative Industries", In: K. Oakley und J. O'Connor (Hrsg.) *The Routledge Companion to the Cultural Industries*, New York: Routledge, 2015, S. 305–318; S. Schmidt et al., „Innovation and Creativity Labs in Berlin: Organizing Temporary Spatial Configurations for Innovations", *Zeitschrift für Wirtschaftsgeographie* 58 (2014) 4, S.232–247.
19 Aryan et al., „Topologie, Typologie und Dynamik der Commons-based Peer Production in Deutschland", Fraunhofer Institut für Umwelt-, Sicherheits- und Energietechnik Umsicht, 2017.

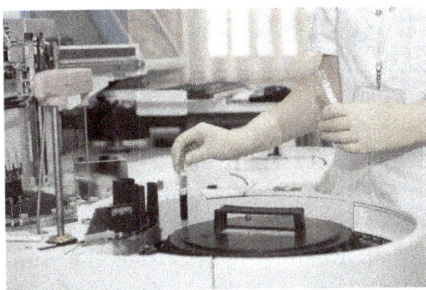
Quelle: Pixabay from Pexels.com

Quelle: raneko/osaMu from flickr.com (CC BY 2.0; https://creativecommons.org/licenses/by/2.0)

Quelle: Startup Stock Photos from Pexels.com

Labore, zweckentfremdete Garagen (wie diejenige, in der die HP-Gründer ihre ersten Produkte entwickelt haben und die später den Mythos des Silicon Valley entscheidend geprägt hat) und individuelle Arbeitsräume, die konzentriertes und fokussiertes Arbeiten ermöglichen, sind prägend für die Entstehung von Innovationen. In solchen Räumen werden Ideen für neue Unternehmen und Produkte geboren und grundlagen- wie anwendungsorientierte Forschung betrieben. Diese Raumformate auf Mikroebene symbolisieren Beispiele isolierten Tüftelns und Forschens. Als eine Form der ‚secluded innovation' finden sie auch beste Voraussetzungen in versteckten oder abgelegenen Räumen.

5 Gründerzentren, Technologieparks und Forschungseinrichtungen im Kontext der Wirtschafts- und Innovationsförderung

Ähnliches gilt für Gründerzentren, Technologieparks und Forschungseinrichtungen. Auch diese Formen von Innovationsräumen würden wir typischer Weise in Städten und Agglomerationsräumen verorten. Im Unterschied zu umgenutzten Garagen als überall verfügbare, individuelle Arbeitsräume, Laboren und offenen kreativen Orten, sind Gründerzentren und Technologieparks in der Regel öffentlich finanzierte Instrumente der Wirtschaftsförderung. Und auch wenn wir von Forschungseinrichtungen sprechen, beziehen wir uns in der Regel auf öffentlich finanzierte Institute und Hochschulen. Sowohl die Grundlagenforschung als auch die anwendungsorientierte Forschung werden dabei als Voraussetzung gesehen, technologische Entwicklungen voranzutreiben und wissenschaftliche Erkenntnisse in wettbewerbsfähige Produkte umzusetzen.

Laut einer statistischen Erhebung des Bundesverbandes Deutscher Innovations-, Technologie- und Gründerzentren e.V. gab es im Jahr 2018 350 Innovations-, Technologie- und Gründerzentren sowie Technologieparks in Deutschland.[20] Sie sind damit ein populäres Instrument der Wirtschaftsförderung und spiegeln auch die Technologie-, Regional- und Wirtschaftspolitik der einzelnen Bundesländer wider. Als eine wesentliche Stärke dieser Zentren gilt die hohe Erfolgsquote der ansässigen Unternehmen, die meist hier ihren ersten Firmensitz beziehen. Sie profitieren unter anderem von Beratungsangeboten, vergleichsweise günstigen Mieten, flexiblem Raumangebot und zentralen Dienstleistungen und gemeinschaftlich genutzten Infrastrukturen der Zentren. Eine zentrale Idee dieser Einrichtungen ist die Nähe zu Hochschulen und Forschungsinstituten, weil gerade dort die potentiellen Existenzgründer gesehen werden (so können Ausgründungen optimale Entwicklungsbedingungen geboten werden). Somit ist auch ihre Verteilung im Raum auf Agglomerationsregionen konzentriert, während sich in ländlichen Räumen lediglich etwa 15% der Zentren befinden.[21] Ihre räumliche Verteilung spiegelt damit das Raummuster wider, das wir von den Hochschulen und Forschungseinrichtungen kennen.

---

[20] Bundesverband Deutscher Innovations-, Technologie- und Gründerzentren e.V., www.innovationszentren.de [abgerufen am 16.04.2019]. In Deutschland sollen diese Einrichtungen zur Sicherung von Arbeitsplätzen und Wohlstand beitragen. Siehe z.B. Bundesministerium für Bildung und Forschung, *Hightech-Strategie 2025 der Bundesregierung*, unter: https://www.bmbf.de/de/die-neue-hightech-strategie-86.html [abgerufen am 16.04.2019].
[21] S. Tamásy, „Technologie- und Gründerzentren", In: *Nationalatlas Bundesrepublik Deutschland – Unternehmen und Märkte*, Heidelberg: Spektrum Akademischer Verlag, 2004, S. 84–85.

5 Gründerzentren, Technologieparks und Forschungseinrichtungen im Kontext — 13

Quelle: Basislager Leipzig

Quelle: Rawpixel from Pexels.com

Neue Formen von gemeinschaftlichen Arbeitsräumen wie Co-working-Spaces versprechen besonders innovatives Arbeiten. Teilweise mieten große Unternehmen Flächen in entsprechenden Einrichtungen an, um ihre Mitarbeiterinnen und Mitarbeiter für eine begrenzte Zeit diesem innovativen Milieu auszusetzen. Die neuen Arbeitsräume sind dabei besonders flexibel und verfügen vor allem über schnelle Internetzugänge, die vernetztes Arbeiten möglich machen und online verfügbare Wissensressourcen erschließen. Viele Theorieansätze, die räumliche Nähe als wesentliche Voraussetzung für Innovationen betonen stammen aus einer Zeit, in der die Kommunikationstechnologien für digital vernetztes Arbeiten noch nicht verfügbar waren.

In Deutschland ist die Hochschul- und Forschungslandschaft eindeutig großstädtisch geprägt. Betrachtet man die räumliche Verteilung der Hochschulen und Forschungseinrichtungen insgesamt, fällt die weitgehende Übereinstimmung mit den großen Agglomerationsräumen und Metropolregionen auf (Lentz 2014). Auch hier spiegelt die Standortwahl dieser Einrichtungen wirtschafts-, regional- und wissenschaftspolitische Grundpositionen des Bundes und der Länder wider. Von einigen, durchaus erfolgreichen Beispielen von Forschungseinrichtungen und Hochschulen an peripher gelegenen Standorten abgesehen, scheint sich auch hier die Konzentration von Wissenschaftseinrichtungen in Großstädten als Prinzip der räumlichen Steuerung durchgesetzt zu haben.

5 Gründerzentren, Technologieparks und Forschungseinrichtungen im Kontext — 15

Quelle: CWE mbH / Haus E.

Quelle: Technologie Centrum Chemnitz, M. Chlebusch

Gründerzentren und Technologieparks wie der Smart Systems Campus Chemnitz sind beliebte Instrumente der Wirtschaftsförderung. Häufig in direkter Nachbarschaft von Hochschulen und Forschungseinrichtungen errichtet, versprechen sie die schnelle Umsetzung von Wissen in Innovationen. In der Tat gibt es nur wenige Beispiele erfolgreicher Gründer- und Innovationszentren in peripheren Regionen. Gerade in solchen Regionen scheint es an Intermediären zu fehlen, die innovationsrelevante Kontakte vermitteln könnten.

6 Stadtregionen als Innovationsräume

Damit folgt die Politik einer zentralen Annahme der Innovationsgeographie und Regionalökonomie: die räumliche Konzentration innovationsrelevanter Akteure (z.B. Unternehmen komplementärer Branchen, universitäre und außeruniversitäre Wissenschaftseinrichtungen, wissensintensive Dienstleister, Multiplikatoren, Verbände, Finanzinstitutionen, politische Entscheidungsträger etc.) und damit in Verbindung stehende Kompetenzen, Erfahrungen und Funktionen schafft ein Umfeld, das Innovationsaktivitäten insgesamt produktiv unterstützt. Gerade die Metropolräume werden als Regionen betrachtet, in denen Agglomerationseffekte besonders positiv wirken. Hier konzentrieren sich Großunternehmen, technologieorientierte KMU, Universitäten und Forschungseinrichtungen, Beraterfirmen sowie politische und gesellschaftliche Institutionen und schaffen gemeinsam ein dichtes Kommunikations- und Interaktionsmilieu. Hier experimentieren in neuartigen kollaborativen Arbeitsräumen kreative Köpfe, werden richtungsweisende Ideen geboren, untereinander ausgetauscht, weiterentwickelt und neue Unternehmen gegründet. Die überdurchschnittliche Qualifikation der Fachkräfte und der anhaltende Zuzug in die Großstädte bringt für die ansässigen Akteure einen hohen Versorgungsgrad mit Arbeitskräften und kreativem Potenzial mit sich. Diese Agglomerationsvorteile tragen maßgeblich dazu bei, dass Innovationsprozesse in den Metropolen in besonderer Dichte gedeihen und gerade die großen Städte als zentrale Orte im Innovationsgeschehen gelten.

Dementsprechend zeigt eine Vielzahl empirischer Untersuchungen, dass innovationsrelevante Ressourcen und Funktionen, und mithin spezifische Innovationsaktivitäten, räumlich konzentriert sind.[22] So sind nicht nur Hochschulen und außeruniversitäre Forschungseinrichtungen in Agglomerationsregionen konzentriert, sondern auch hochqualifizierte Arbeitnehmer_innen sowie private Ausgaben für Forschung und Entwicklung, die immerhin gut die Hälfte der Investitionen in die Wissenschaft allgemein ausmachen. Zudem zeigt sich, dass auch wissensintensive Bereiche des produzierenden Gewerbes (z.B. Pharmazie, Medizintechnik, optische Industrie) sowie wissensintensive Dienstleister verstärkt in (groß)städtischen Kontexten angesiedelt sind. Hingegen können sich agglomerationsferne Räume nicht als Hochschulstandort oder Standorte anderer öffentlicher Forschungseinrichtung profilieren: nur 12% aller Standorte von

---

[22] Für eine gute Zusammenfassung siehe z.B. F. Tödtling und M. Trippl, „One Size Fits All? Towards a Differentiated Regional Innovation Policy Approach", *Research Policy* 34 (2005) 8, S. 1203–1219; S. Lentz, „Außeruniversitäre Forschung in Deutschland", *Nationalatlas aktuell* 8 (2014) 2, Leipzig: Leibniz-Institut für Länderkunde (IfL).

6 Stadtregionen als Innovationsräume — 17

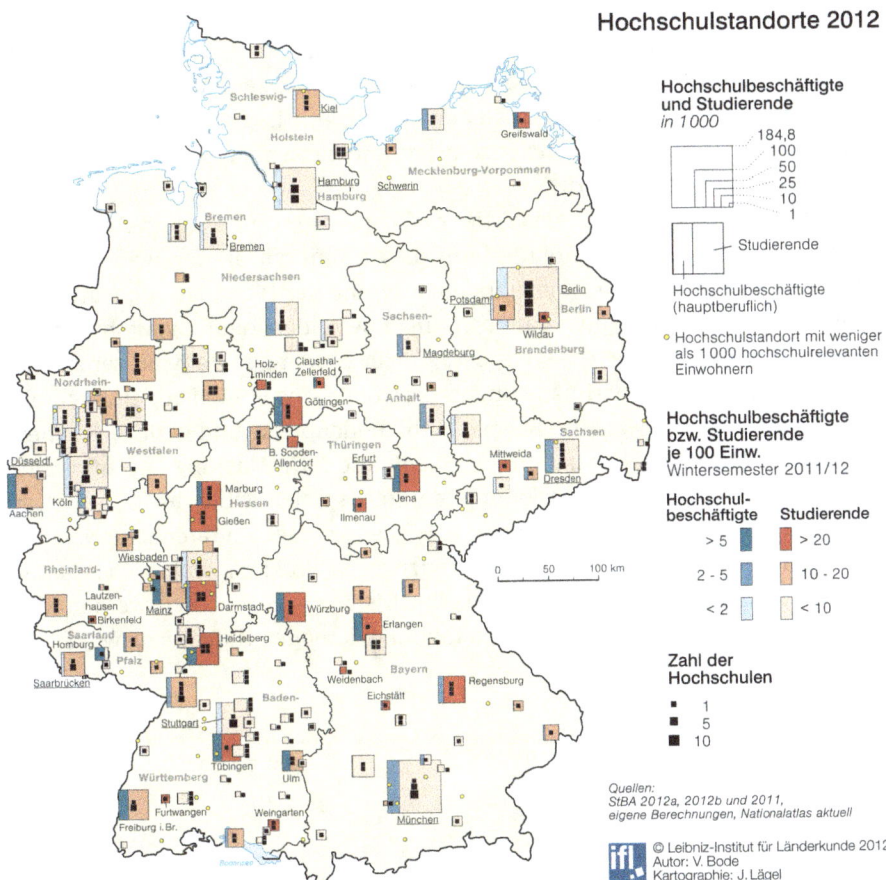

Quelle: S. Lentz, „Deutsche Hochschullandschaft und Universitätsstädte", *Nationalatlas aktuell* 6 (2012) 10.

In Deutschland verteilen sich ca. 2,3 Mio. Studierende auf 421 Hochschulen in 265 Städten (ohne ca. 150 private Hochschulen). Diese bilden ein dichtes, teils historisch gewachsenes Netz an Hochschulstandorten in allen Teilräumen Deutschlands. Die universitäre Spitzenforschung in Deutschland konzentriert sich dabei allerdings auf eine kleinere Anzahl größerer Hochschulen in den Ballungsräumen.

Hochschulen und außeruniversitären Forschungseinrichtungen in Deutschland und 6% des wissenschaftlichen Personals finden sich dort.[23] Auch hinsichtlich der Wissensverwertung lassen sich entsprechende Konzentrationen feststellen. Anmeldungen von Patenten und Gebrauchsmustern in Deutschland sind vornehmlich in Großstadtregionen konzentriert und darin nicht selten von wenigen Großunternehmen dominiert.[24]

Zentrale Ressourcen wissensbasierter Ökonomien sind somit in Agglomerationsräumen konzentriert, womit sie in dieser Hinsicht als Innovationsräume fungieren. So mögen zwar Innovationen aufgrund der Dichte an innovationsrelevanten Akteuren in Agglomerationsräumen besonders häufig vorkommen, ob sie allerdings auch einfacher, schneller, günstiger oder qualitativ besser zustande kommen, bleibt offen. Hinzu kommt, dass die ebenso bestehenden Nachteile von Agglomeration – wie zum Beispiel hohe Bodenpreise und geringe Flächenverfügbarkeit, höhere Fluktuation von Fachkräften, Überlastung der Infrastrukturen – im Innovationsdiskurs kaum eine Rolle spielen. Offen bleibt weiterhin die Frage, ob für einen guten Zugang zu Wissensressourcen räumliche Nähe erforderlich ist, oder ob diese räumlich konzentriert vorkommenden Wissensressourcen auch über andere Wege – aus der Distanz – erschlossen werden können, ohne dass sich dies zum Nachteil der innovierenden Akteure auswirkt.

---

23 R. Meng, *Verborgener Wandel*, Universität Mannheim, 2012.; X. Vence-Deza und M. González-López, „Regional Concentration of the Knowledge-based Economy in the EU: Towards a Renewed Oligocentric Model?", *European Planning Studies* 16 (2008) 4, S. 557–578. In anderen Branchen besteht allerdings häufig auch eine umgekehrte Präferenz für Räume außerhalb der Agglomerationen.
24 D. Fornahl und T. Brenner, „Geographic concentration of innovative activities in Germany", Structural Change and Economic Dynamics 20 (2009) 3, S. 163–182; S. Henn und P. Werner, „Erfinderaktivitäten in Deutschland – Patente, Gebrauchsmuster, Marken und Design", *Nationalatlas aktuell* 10 (2016) 9. Zur Kritik an der Aussagekraft von Analysen auf Basis der räumlichen Verteilung von Patentanmeldungen siehe oben (Abschnitt 2).

6 Stadtregionen als Innovationsräume — 19

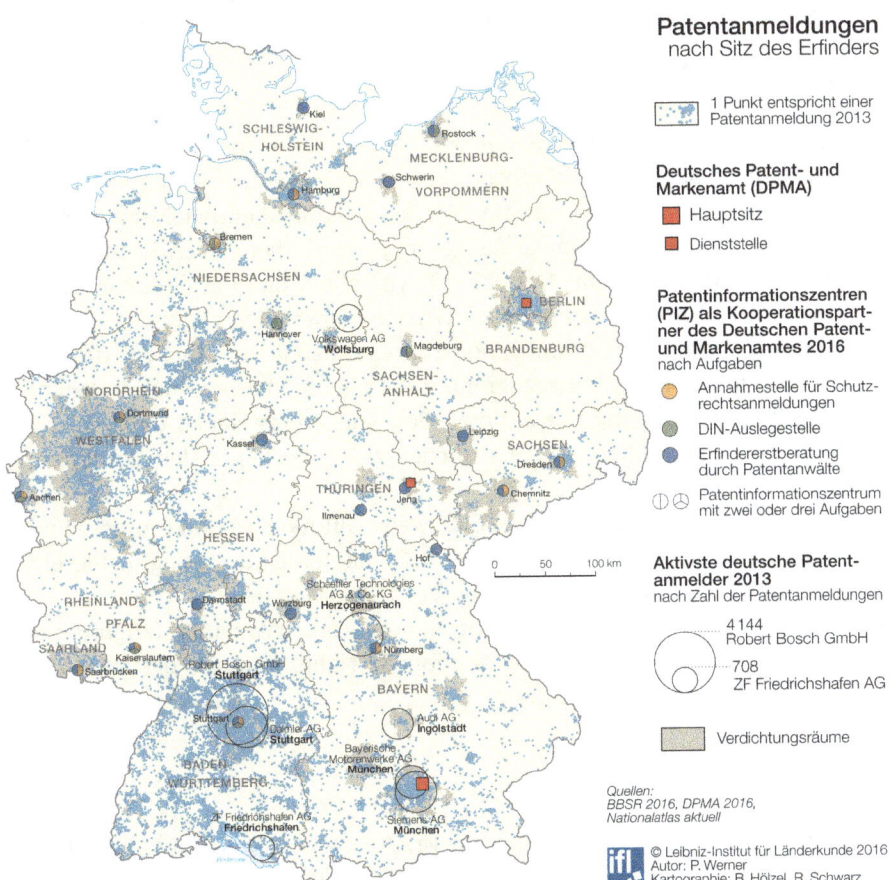

Quelle: S. Henn u. P. Werner, „Erfinderaktivitäten in Deutschland – Patente, Gebrauchsmuster, Marken und Design", Nationaltlas aktuell 10 (2016) 9.

Innovationsaktivitäten werden häufig über Patentanmeldungen gemessen und darüber in ihren räumlichen Strukturen verglichen. Patente sollen das geistige Eigentum von Unternehmen und Personen vor Nachahmung schützen. Als Indikator für das regionale Innovationsgeschehen sind Patentanmeldungen allerdings äußerst umstritten, da sie nur einen kleinen Teil von Innovationsaktivitäten abbilden und zudem durch wenige besonders aktive Großunternehmen dominiert werden.

7 Innovation als dynamischer, nicht territorial gefasster Prozess

Die Auffassung, dass dichte, lokale Akteursnetzwerke in Agglomerationsräumen eine notwendige Voraussetzung für die Genese und Nutzung von Wissen darstellen hat den wirtschaftsgeographischen Diskurs über den Zusammenhang von Innovation und Raum lange Zeit geprägt, wird aber in den letzten Jahren zunehmend infrage gestellt. Dies betrifft vor allem das Kernargument dieser ‚traditionellen' Auffassung: implizites Wissen sei räumlich gebunden und könne die Konzentrationen von Innovationsprozessen erklären.[25] Im Zuge des „relational turn" in der Wirtschaftsgeographie seit den 2000er Jahren, mit dem eine stärkere Berücksichtigung der sozialen Beziehungen zwischen ökonomischen Akteuren einherging, sind im Wesentlichen zwei Aspekte in den Vordergrund getreten:[26]

1. Die Ablehnung einer statischen Sichtweise auf Akteure und Prozesse innerhalb eines begrenzten Territoriums („Containerdenken") zugunsten eines dynamischeren und raumoffeneren Verständnisses und
2. die Betonung weiterer Formen von Nähe zwischen Akteuren (kognitive, organisatorische, soziale und institutionelle Nähe) über die bestehende Fokussierung auf räumliche Nähe hinaus.

---

[25] Zur Rolle impliziten Wissens siehe M.S. Gertler, „Tacit Knowledge and the Economic Geography of Context, or The Undefinable Tacitness of Being (There)", *Journal of Economic Geography* 3 (2003) 1, S. 75–99; zur frühen Kritik u.a. O. Crevoisier und H. Jeannerat, „Territorial Knowledge Dynamics: From the Proximity Paradigm to Multi-location Milieus", *European Planning Studies* 17 (2009) 8, S. 1223–1241; E. von Hippel, „‚Sticky Information' and the Locus of Problem Solving: Implications for Innovation", *Management Science* 40 (1994.) 4, S. 429–439.

[26] Zum relational turn in der Wirtschaftsgeographie siehe H. Bathelt und J. Glückler, „Toward a relational economic geography", *Journal of Economic Geography*, 3 (2003) 2, S. 117–144; und zu alternativen Formen von Nähe siehe J.S. Boggs und N.M. Rantisi, „The ‚Relational Turn' in Economic Geography", *Journal of Economic Geography* 3 (2003) 2, S. 109–116; H.W. Yeung, „Rethinking Relational Economic Geography", *Transactions of the Institute of British Geographers* 30 (2005) 1, S. 37–51; P. Sunley, „Relational Economic Geography: A Partial Understanding or a New Paradigm?", *Economic Geography* 84 (2008) 1, S. 1–26. In Ergänzung zu diesen Diskussionen hielten Amin und Cohendet fest: „The everyday possibility of striking and maintaining distanciated links, the everyday possibility of action at a distance, the everyday possibility of relational ties over space, the everyday possibility of mobility and circulation, the everyday organization of distributed systems, make mockery of the idea that spatial proximity and ‚being there' are one and the same" (A. Amin und P. Cohendet, *Architectures of Knowledge. Firms, Capabilities, and Communities*, Oxford: Oxford University Press, 2004, S. 108).

7 Innovation als dynamischer, nicht territorial gefasster Prozess — 21

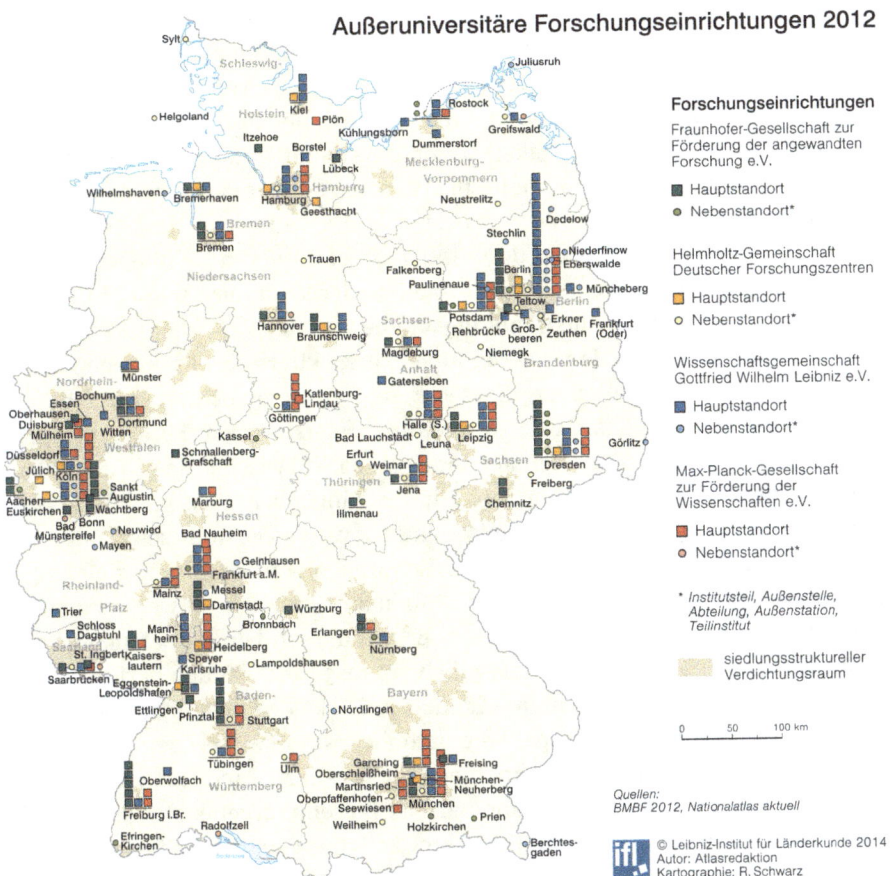

Quelle: S. Lentz, „Außeruniversitäre Forschung in Deutschland", *Nationalatlas aktuell 8* (2014) 2.

Etwa 93.000 Menschen arbeiten für die vier großen Forschungsorganisationen in Deutschland. Neben den Hochschulen sind sie eine zentrale Säule des deutschen Innovationssystems und bedeutende Quelle für den Wissenstransfer. Ihre Standorte sind in den großen Agglomerationsräumen konzentriert. In Deutschland befinden sich nur etwa 12 % aller Standorte von Hochschulen und außeruniversitären Forschungseinrichtungen außerhalb der Agglomerationsräume. An diesen sind etwa 6% des wissenschaftlichen Personals beschäftigt.

Wie Studien über die Aktivitäten einzelner Unternehmen gezeigt haben, sind soziale Beziehungen und Netzwerke in der Regel nicht an eine feste räumliche Ebene oder spezifische Region gebunden. Aus diesem Grund ist eine statische und isolierte Sicht auf die Eigenschaften eines bestimmten Raumes (z.B. eines lokalen Clusters oder einer Region) und die Aktivitäten der darin lokalisierten Unternehmen und weiteren Akteure nicht ausreichend, um Innovationsprozesse adäquat zu analysieren. Vielmehr ist davon auszugehen, dass Individuen und Organisationen im Prozess der Wissensgenerierung und -diffusion auf unterschiedlichen Ebenen agieren, diese miteinander kombinieren und durchqueren und im Zuge dessen neue Handlungsräume schaffen.[27]

Diese Kritik und der damit verbundene Perspektivwechsel schlagen sich in vielfältigen Diskussionen wider, die den Bedarf an Untersuchungen zu Prozessen der Wissensgenerierung und -verbreitung unterstreichen. Ein Hauptaspekt bezieht sich auf den zu kurz greifenden Dualismus zwischen implizit lokalem Wissen einerseits und explizitem, ubiquitär zugänglichem Wissen andererseits. Wie die Forschung zu unternehmerischen Innovationsmustern zeigt, sind Unternehmen häufig in Kooperationen mit Akteuren außerhalb ihrer Region eingebunden und können so Wissen über räumliche Distanzen hinweg generieren und austauschen. Basierend auf diesen Erkenntnissen wird zunehmend anerkannt, dass es nicht als selbstverständlich vorausgesetzt werden darf, dass erstens wichtige Interaktionen hauptsächlich auf lokaler Ebene stattfinden und zweitens lokale Interaktionen per se eine höhere Priorität besitzen als translokale. Vielmehr konstruieren Unternehmen im Zuge ihrer Innovationsaktivitäten mittels Interaktion soziale und ökonomische Beziehungsgeflechte, die sich als spezifische, dynamische und multi-skalare „activity spaces" manifestieren.[28]

---

[27] E. Giuliani und M. Bell, „The Micro-Determinants of Meso-Level Learning and Innovation: Evidence from a Chilean Wine Cluster", *Research Policy* 34 (2005) 1, S. 47–68; J. Owen-Smith, J. und W.W. Powell, „Knowledge Networks as Channels and Conduits: The Effects of Spillovers in the Boston Biotechnology Community", *Organization Science* 15 (2004) 1, S. 5–21; A. Lorentzen, „Knowledge Networks in Local and Global Space", *Entrepreneurship & Regional Development* 20 (2008) 6, S. 533–545; E.J. Malecki, *Everywhere?* „The Geography of Knowledge", *Journal of Regional Science* 50 (2010) 1, S. 493–513.

[28] J.R. Faulconbridge, „Stretching Tacit Knowledge beyond a Local Fix? Global Spaces of Learning in Advertising Professional Service Firms", *Journal of Economic Geography* 6 (2010) 4, S. 517–540; J. Owen-Smith und W.W. Powell, „Knowledge Networks as Channels and Conduits: The Effects of Spillovers in the Boston Biotechnology Community", *Organization Science* 15 (2004) 1, S. 5–21; G. Grabher und O. Ibert, „Distance as Asset? Knowledge Collaboration in Hybrid Virtual Communities", *Journal of Economic Geography* 14 (2014) 1, S. 97–123; A. Malmberg und P. Maskell, „Localized Learning Revisited", *Growth and Change* 37 (2006) 1, S. 1–18; H. Bathelt und J. Glückler, *Relational Research Design in Economic Geography*, In: G.L. Clark et al.

7 Innovation als dynamischer, nicht territorial gefasster Prozess — 23

Quelle: ElisaRiva from Pixabay.com

Quelle: M. Graffenberger, eigene Darstellung.

Der Transfer von Wissen gilt als wesentlicher Bestandteil von Innovationsprozessen. Im Sinne des Open Innovation Paradigmas wird Innovation häufig als kollaborativer Prozess konzeptualisiert, der vielfältige Netzwerkbeziehungen beinhaltet (oben). In diesem Prozess geht es weniger um die gemeinsame regionale Verortung und unmittelbare Nachbarschaft der beteiligten Akteure als vielmehr um die Fähigkeit, relevante Netzwerke aufzubauen und ortsungebunden zusammenzuarbeiten. Das Beispiel der Firma Mühle (unten) zeigt die an einem spezifischen Innovationsprojekt beteiligten Akteure.

Diese Raumkonfigurationen lassen sich teilweise als Ergebnis übergeordneter Prozesse wie Globalisierung und technologischer Wandel verstehen. So lässt sich feststellen, dass eine steigende Zahl an Unternehmen und Organisationen in Wissens-, Produktions- und Wettbewerbszusammenhänge mit zunehmend (inter)nationaler und globaler Ausrichtung eingebunden ist. Zudem gestaltet sich effektiver Austausch durch neue und stetig wandelnde digitale Kommunikationsformate auch über große Distanzen hinweg immer einfacher und kostengünstiger – dies gilt in zunehmender Weise auch im Hinblick auf vertrauensbasierte Interaktionen in tendenziell sensiblen Innovations- und Wissenskontexten.

Allgemeiner, in der Terminologie des SFB 1199 gesprochen, verlieren daher Verdichtungen von Territorialisierung an Gewicht, während andere, eher deterritorialisierte Raumformate für Unternehmen an Bedeutung gewinnen. Dies gilt sowohl für alltägliche Praktiken von Mitarbeiter_innen in multi-lokal ausgerichteten Projektkontexten, für strategische Entscheidungen zur Auswahl von Kollaborationspartnern als auch für eigene Standortentscheidungen. Dabei greift jedoch die Vorstellung, dass diese Umorientierung einen neuen Konzentrationsprozess zugunsten bestimmter transnationaler bzw. transregionaler Raumformate wie Global Cities oder transregionale Innovationskorridore in Gang gesetzt habe[29] zu kurz, wie empirische Untersuchungen inzwischen belegen. Auch wenn Global Cities besonders dichte Kommunikations- und Interaktionsstrukturen bieten, so bedeutet das nicht, dass alle Typen und Formen von Unternehmen in allen Branchen auf diese Strukturen angewiesen sind. Innovationsprozesse und ihre Akteure bleiben selektiv und hoch spezialisiert. Durch unterschiedliche Formen von produktiver Nähe (und Distanz) werden die erforderlichen Ressourcen erschlossen. Damit rücken qualitative Aspekte von Netzwerkbeziehungen und (ggf. auch nicht-interaktiven) Wissensquellen in den Vordergrund, die durch die Überbetonung räumlicher Aspekte in der Innovationsgeographie bisher zu wenig beleuchtet worden sind.

(Hrsg.) *The New Oxford Handbook of Economic Geography*, Oxford: Oxford University Press, 2018, S. 179–195.
[29] Als ein langfristig wirkungsmächtiges Beispiel für dieses Narrativ: S. Sassen, *Globalization and Its Discontents: Essays on the New Mobility of People and Money*, New York: New Press, 1999; S. Sassen, *Territoriy, Authority, Rights. From Medieval to Global Assemblages*, Princeton NJ: Princeton University Presse, 2006.

7 Innovation als dynamischer, nicht territorial gefasster Prozess — 25

Quelle: Dominik Keck

Quelle: Christian Wolf, www.c-w-design.de auf Wikipedia (CC BY 3.0; https://creativecommons.org/licenses/by-sa/3.0/de/legalcode)

Innovation und internationale Einbettung trotz unterschiedlicher Eindrücke: Die Skyline von Frankfurt/Main steht symbolisch für die global vernetzte Wissensregion; das andere Foto zeigt den Standort des Weltmarktführers EJOT in der ländlich geprägten Stadt Bad Berleburg im Rothaargebirge. EJOT ist Spezialist für Verbindungs- und Befestigungstechnik mit ca. 3.400 Beschäftigten.

8 Alternative Formen von Nähe und Distanz in Innovationsprozessen

In diesem Zusammenhang erweitern Bathelt, Malmberg und Maskell in ihrem buzz-and-pipelines-Modell das Verständnis der Beziehungen zwischen lokalen und translokalen Wissensströmen. Strategisch angelegte Verbindungen zu Akteur_innen außerhalb regionaler Kontexte, konzipiert als (globale) Pipelines, ermöglichen translokale Wissensströme.[30] Da Pipelines im Gegensatz zu lokalem Rauschen (buzz) Zugang zu neuen, strategisch mobilisierten Wissensquellen bieten, können diese für die Wettbewerbsfähigkeit und das Innovationsvermögen von Unternehmen von zentraler Bedeutung sein.[31] Translokale Wissensströme entstehen allerdings nicht nur durch strategische Partnerschaften von Unternehmen, sie können beispielsweise auch innerhalb multinationaler Unternehmen, durch transnationale Communities, durch die Teilnahme von Unternehmen an (internationalen) Messen und Konferenzen, mittels digitaler Netzwerke und Communities, durch die Praktiken von sogenannten „born global"-Unternehmen oder durch persönliche Beziehungen initiiert werden.[32]

Diese neuen Konfigurationen des Wissenstransfers werden durch virtuelle Kommunikation ergänzt und ermöglicht. Neuere Forschungen zu virtuellen Teams zeigen die verschiedenen Anwendungsbereiche sowie die wachsende Bedeutung von Kommunikationstechnologien, insbesondere innerhalb multinationaler Unternehmen und Arbeitsgruppen, aber auch zwischen Unternehmen

---

[30] H. Bathelt et al., „Clusters and Knowledge: Local Buzz, Global Pipelines and the Process of Knowledge Creation", *Progress in Human Geography* 28 (20074) 1, S. 31–56.

[31] Entsprechende empirische Arbeiten konnten signifikante Auswirkungen globaler Pipelines für Firmen und Regionen darlegen (R.D. Fitjar und A. Rodriguez-Pose, „Innovating in the Periphery: Firms, Values and Innovation in Southwest Norway", *European Planning Studies* 19 (2011) 4, S. 555–574; M.S. Gertler und Y.M. Levitte, „Local Nodes in Global Networks: The Geography of Knowledge Flows in Biotechnology Innovation", *Industry and Innovation* 12 (2005) 4, S. 487–507.

[32] R. Mudambi und T. Swift, „Multinational Enterprises and the Geographical Clustering of Innovation", *Industry & Innovation* 19 (2012) 1, S. 1–21; S. Henn, „Transnational Entrepreneurs, Global Pipelines and Shifting Production Patterns. The Example of the Palanpuris in the Diamond Sector", *Geoforum* 43 (2012) 3, S. 497–506; A. Torre, „On the Role Played by Temporary Geographical Proximity in Knowledge Transmission", *Regional Studies* 42 (2008) 6, S. 869–889; A. Gupta et al., „Use of Collaborative Technologies and Knowledge Sharing in Co-Located and Distributed Teams: Towards the 24-h Knowledge Factory", *The Journal of Strategic Information Systems* 18 (2009) 3, S. 147–161; G.A. Knight und S.T. Cavusgil, „Innovation, Organizational Capabilities, and the Born-Global Firm", *Journal of International Business Studies* 35 (2004) 2, S. 124–141; A.L. Saxenian, *The New Argonauts. Regional Advantage in a Global Economy*, Cambridge MA: Harvard University Press, 2006.

https://doi.org/10.1515/9783110632873-008

Quelle: M. Graffenberger

Quelle: M. Graffenberger

Internationale Messen wie die „Intec und Z" in Leipzig (Fokus: Fertigungstechnik in der Metallbearbeitung und Zulieferindustrie) sind nicht nur wichtig für den direkten Kundenkontakt, sondern auch bedeutende Interaktionsforen zur Präsentation und Diskussion von Innovationen und branchenspezifischen Neuerungen. Mit ihrem umfangreichen Begleitprogramm ermöglichen sie das Zusammentreffen von Spezialisten aus aller Welt in kommunikativen Zusammenhängen, die mitunter als temporäre Cluster bezeichnet werden.

(und anderen Akteuren), um Wissenstransfer über Distanz hinweg zu ermöglichen.[33]

So gibt es mittlerweile einige neuere empirische Studien, die Innovationsaktivitäten von Unternehmen untersuchen, die in Regionen Europas zu finden sind, die keine klassischen Wissensregionen sind und nicht über dichte Netzwerke von Innovationsakteuren verfügen. Ein Erklärungsansatz hierfür lautet, dass in solchen „Peripherien" verortete Unternehmen die Möglichkeiten zur Wissensgenerierung über räumliche Entfernungen nutzen und – ähnlich wie Unternehmen in Metropolräumen – in die globalisierte Ökonomie mit ihren transnationalen Wissensflüssen integriert sind.[34] Auf Basis dieses Befundes kann in Frage gestellt werden, ob die angenommenen Vorteile, die sich aus der Verortung von Unternehmen in Städten und Clustern ergeben (wie zufällige Face-to-Face-Interaktionen und gelegentlicher Austausch), tatsächlich von so großer Bedeutung für Innovationsaktivitäten sind wie in weiten Teilen der Literatur bisher dargestellt.

Diese Beispiele translokaler/globaler Formen von Interaktion und Wissensaustausch stehen in engem Zusammenhang mit einer zweiten Debatte, die terri-

---

[33] A. Gupta et al., „Use of Collaborative Technologies and Knowledge Sharing in Co-Located and Distributed Teams: Towards the 24-h Knowledge Factory"; G. Grabher und O. Ibert, „Distance as Asset?"; A. Torre, „The Role of Proximity during Long-Distance Collaborative Projects. Temporary Geographical Proximity Helps", *International Journal of Foresight and Innovation Policy* 7 (2011) 1–3, S. 213–230; M. van Geenhuizen und P. Nijkamp, „Knowledge Virtualization and Local Connectedness among Young Globalized High-Tech Companies", *Technological Forecasting and Social Change* 79 (2012) 7, S. 1179–1191.

[34] R.D. Fitjar und A. Rodriguez-Pose, „Innovating in the Periphery; R.D. Fitjar und A. Rodriguez-Pose „Nothing is in the Air"; M. Grillitsch und M. Nilsson, „Innovation in Peripheral Regions: Do Collaborations Compensate for a Lack of Local", The Annals of regional Science 54 (2015) 1, S. 299–321; A. Rodríguez-Pose und R.D. Fitjar, „Buzz, Archipelago Economies and the Future of Intermediate and Peripheral Areas in a Spiky World", *European Planning Studies* 21 (2013) 3, S. 355–372; S. Virkkala, „Innovation and Networking in Peripheral Areas. Innovation and Networking in Peripheral Areas – a Case Study of Emergence and Change in Rural Manufacturing", *European Planning Studies* 15 (2007) 4, S. 511–529.
Weiterhin zeigen beispielsweise Fitjar und Rodríguez-Pose (2011), dass innovative Unternehmen im Südwesten Norwegens nicht primär auf ihren lokalen Kontext angewiesen sind. Stattdessen ist im Kontext ihrer Innovationsaktivitäten die Zusammenarbeit mit internationalen Partner_innen am förderlichsten. Zu einem ähnlichen Ergebnis kommen Grillitsch und Nilsson (2015), die auf Grundlage einer Stichprobe von mehr als 2000 schwedischen Unternehmen zeigen, dass innovative Unternehmen in peripheren Regionen tendenziell stärker mit entfernten Partner_innen zusammenarbeiten als vergleichbare Unternehmen in Agglomerationsräumen. In einer Studie über norwegische Unternehmen zeigen Fitjar und Rodríguez-Pose (2017), dass Innovationspartnerschaften in erster Linie als Resultat zielgerichteter Recherchen zu sehen sind, unabhängig davon, ob Unternehmen in dichten städtischen Räumen oder außerhalb von Agglomerationen lokalisiert sind.

8 Alternative Formen von Nähe und Distanz in Innovationsprozessen — 29

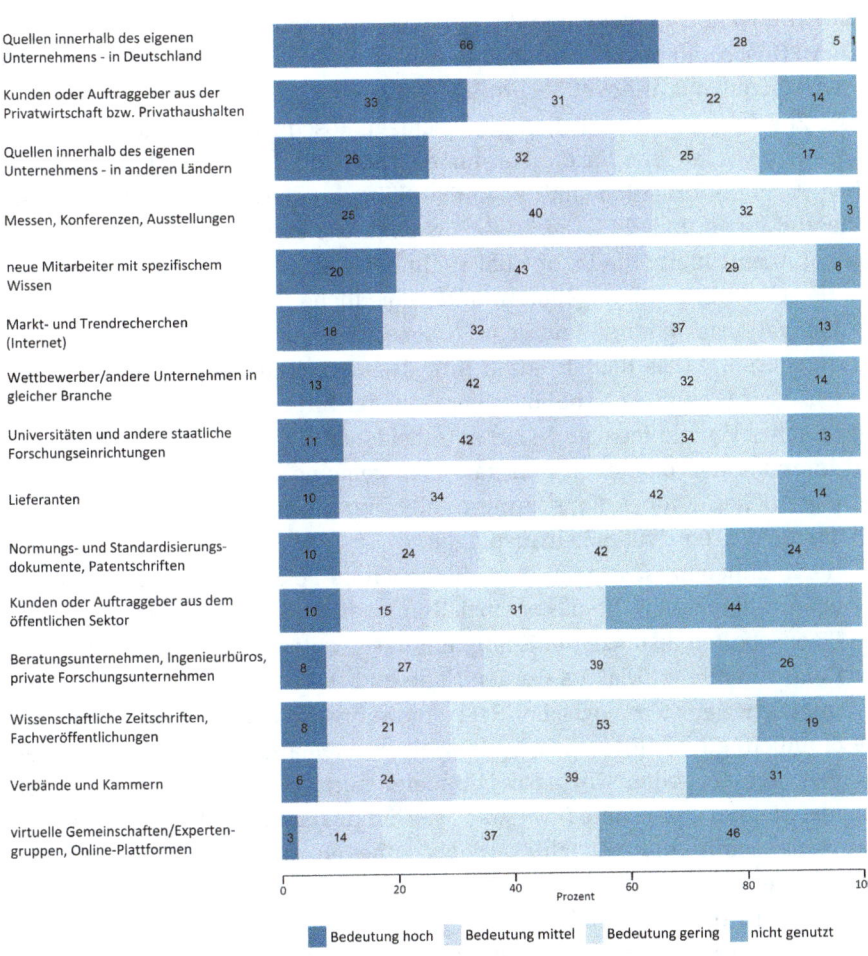

Quelle: eigene Darstellung IfL/ SFB 1199, Ergebnisse einer standardisierten Befragung von Weltmarktführern in Deutschland.

Die Abbildung zeigt die Bedeutung unterschiedlichster Informationsquellen von deutschen Weltmarktführern für ihre Innovationsprojekte. Die meisten Quellen sind räumlich nicht eindeutig zu verorten. Am wichtigsten sind unternehmensinterne Quellen sowie Kunden und Auftraggeber. Über 80% der deutschen Weltmarktführer betreiben unternehmensinterne Forschung und Entwicklung. Hochschulen und Forschungseinrichtungen sind bedeutende externe Kooperationspartner für Innovationsaktivitäten. Im Durchschnitt setzt jedes Unternehmen 15 Innovationsprojekte pro Jahr um.

toriale Innovationsmodelle und deren Fokus auf räumliche Nähe zwischen Akteuren kritisch hinterfragt und stattdessen andere Formen von Nähe und ihre Auswirkungen auf Innovationsprozesse in den Mittelpunkt der Betrachtung rückt. Zusätzlich zu räumlicher Nähe schlägt Boschma vier weitere Nähe-Dimensionen vor, welche für die Zusammenarbeit und die Netzwerkbildung zwischen Partnern förderlich sind: kognitive Nähe, organisatorische Nähe, soziale Nähe und institutionelle Nähe.[35] Wie aus empirischen Untersuchungen hervorgeht, können Unternehmen, obwohl sie in der gleichen Region lokalisiert sind und derselben Branche angehören, unterschiedliche Interaktionsmuster bei ihren Innovationsaktivitäten und dem Wissensaustausch mit nichtlokalen Akteuren aufweisen.[36] Dies deutet darauf hin, dass Faktoren wie eine gemeinsame Wissensbasis (kognitive Nähe) oder der Grad der Integration in ein spezifisches persönliches Umfeld (soziale Nähe) entscheidende Aspekte bei wissensbezogenen Interaktionen darstellen und dass eine gemeinsame räumliche Verortung mit potentiellen Kooperationspartnern allein noch kein Garant dafür ist, dass sich lokale Wissensdynamiken ausprägen.

Hervorzuheben ist zudem, dass die generelle Fokussierung auf räumliche wie auch relationale Nähe die potenziell innovationsfördernden und produktiven Eigenschaften distanzierter Konfigurationen weitestgehend verkennt. Im innovationsorientierten Diskurs werden Nähe und Distanz oftmals nicht als Kategorien gleicher epistemologischer Relevanz wahrgenommen.[37] Nähe (relational wie räumlich) gilt als förderlich, Distanz als problematischer Zustand der überwunden werden sollte. Nüchtern betrachtet fungieren jedoch gerade Unterschiede, Heterogenität und Diversität als Stimuli für neue Ideen und Ansätze und bieten somit größtmögliche Lerngelegenheiten. Was lässt sich schon voneinander lernen, wenn die eigenen Kompetenzen, Ansichten und Methoden sehr ähnlich strukturiert sind?[38]

Unter dem Stichwort der temporären Nähe findet sich eine detaillierte Diskussion darüber, wie Mobilität als zentrales Element zur Organisation wirt-

---

35 R. Boschma, „Proximity and Innovation", *Regional Studies* 39 (2005) 1, S. 61–74; Proximity School – u.a. P.-A. Balland et al., „Proximity and Innovation: From Statics to Dynamics", *Regional Studies* 49 (2015) 6, S. 907–920; A. Rallet und A. Torre, „Temporary Geographical Proximity for Business and Work Coordination: When, How and Where?", *SPACES online* 7 (2009).
36 E. Giuliani und M. Bell, „The Micro-Determinants of Meso-Level Learning and Innovation: Evidence from a Chilean Wine Cluster", *Research Policy* 34 (2005) 1, S. 47–68; E. Giuliani, „The Selective Nature of Knowledge Networks in Clusters: Evidence from the Wine Industry", *Journal of Economic Geography* 7 (2007) 2, S. 139–168.
37 G. Grabher und O. Ibert, „Distance as Asset?"
38 O. Ibert, F.C. Müller und A. Stein, Produktive Differenzen. Eine dynamische Netzwerkanalyse von Innovationsprozessen. Bielefeld, transcript, 2014.

8 Alternative Formen von Nähe und Distanz in Innovationsprozessen — 31

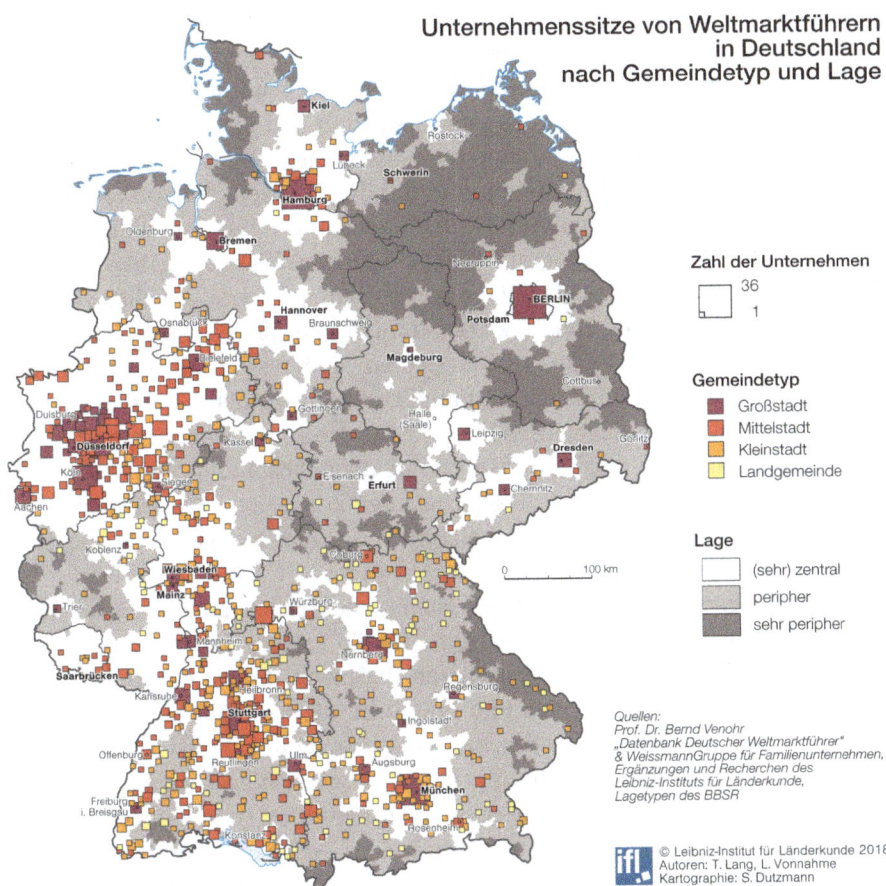

Quelle: eigene Darstellung IfL/ SFB 1199, Projekt „Hidden Champions".

Die Karte zeigt die räumliche Verteilung von Weltmarktführern in Deutschland. Mit einer durchschnittlichen Exportquote von ca. 60% sind diese Unternehmen besonders stark international vernetzt; auf regionale Absatzmärkte entfallen lediglich ca. 4% der Unternehmenserlöse. Auffallend viele dieser hoch innovativen Unternehmen finden sich in Kleinstädten und Landgemeinden – auch außerhalb der Agglomerationsräume.

schaftlicher Prozesse und als gesellschaftliche Alltagspraxis stärker in der Innovationsgeographie berücksichtigt werden kann – dies zeigt beispielsweise die Zunahme arbeitsbezogener Reisetätigkeiten. Grundlegend unterscheiden Rallet und Torre zwischen der permanenten Ko-Lokation und temporärer Ko-Präsenz von Akteuren. Während Ko-Lokation die permanente, physisch-räumliche Ballung an einem Standort beschreibt, wird mit dem Konzept temporärer Ko-Präsenz das tatsächliche Treffen und die daraus resultierenden Interaktionen umrissen. In der Wirtschaftsgeographie finden sich vielfältige Ansätze, die die Funktion temporärer räumlicher Nähe thematisieren.[39] Diese beziehen sich auf unterschiedliche Formate und Praktiken, darunter beispielsweise bi- und multilaterale Geschäfts- und Projekttreffen, Messen, Kongresse und Ausstellungen, zunehmend aber auch Formate, die räumliche Nähe virtuell herstellen. Insbesondere Messen und Branchentreffen sowie Kongresse werden auch als temporäre Cluster konzeptualisiert. Hintergrund ist die Beobachtung, dass diese Formate für eine bestimmte Zeit spezifische Interaktions- und Wissensökologien herstellen, an denen Akteure, unabhängig von ihrem permanenten Standort, teilnehmen können.

Trotz konzeptioneller Unterschiede stellen die Ansätze heraus, dass temporäre räumliche Nähe, d.h. zeitlich begrenzte Ko-Präsenz zwischen Akteuren, permanente räumliche Nähe substituieren und somit Innovationsprozesse effektiv unterstützen kann. Kanäle und Praktiken, die Mobilität und zeitlich begrenzte Zusammenkünfte zwischen Akteuren effektiv unterstützen, können somit als wichtige Mechanismen im Innovationsgeschehen gesehen werden. Eine verstärkte Betrachtung von Akteursmobilität differenziert traditionelle Sichtweisen im Innovationsdiskurs. Der Austausch von Wissen (explizit und implizit) sowie interaktive Lernprozesse beruhen eben nicht zwingend auf permanenter Ko-Lokation von Akteuren in Agglomerationsräumen, sondern auch auf der Mobilität der beteiligten Akteure.

---

39 A. Amin, A. and Cohendet, P. (2004): *Architectures of Knowledge. Firms, Capabilities, and Communities*. Oxford: Oxford University Press; H. Bathelt und N. Schuldt, „Between Luminaires and Meat Grinders: International Trade Fairs as Temporary Clusters", *Regional Studies*, 42 (2008) 6, S. 853–868; A. Torre, „On the Role Played by Temporary Geographical Proximity in Knowledge Transmission", *Regional Studies* 42 (2008) 6, S. 869–889; P. Maskell, „Accessing Remote Knowledge – the Roles of Trade Fairs, Pipelines, Crowdsourcing and Listening Posts", *Journal of Economic Geography* 14 (2014) 5, S. 883–902; Grabher, G. und O. Ibert, „Distance as Asset?"; H. Bathelt und S. Henn, „The Geographies of Knowledge Transfers over Distance", *Environment and Planning A* 46 (2014) 6, S. 1403–1424; O. Ibert und H.J. Kujath (Hrsg.), *Räume der Wissensarbeit: Zur Funktion von Nähe und Distanz in der Wissenökonomie*, Wiesbaden: VS Verlag für Sozialwissenschaften, 2011.

8 Alternative Formen von Nähe und Distanz in Innovationsprozessen — 33

Quelle: M. Graffenberger

Quelle: L. Vonnahme

Die Fotos zeigen die Hauptstandorte zweier deutscher Weltmarktführer. Die Firma Holmer (oben) in Eggmühl im ländlich-peripheren Umland von Regensburg ist Weltmarkführer für selbstfahrende Zuckerrübenvollernter. Ein Vollernter der neusten Generation setzt sich aus etwa 35.000 Bauteilen zusammen und vereint zudem 12 firmeneigene Patente. Kjellberg in Finsterwalde in der brandenburgischen Niederlausitz (unten) ist Weltmarktführer für Plasmaschneidetechnik. Der Schwede Oscar Kjellberg hat die heutige Unternehmensgruppe 1922 gegründet und gilt als Erfinder der ummantelten Schweißelektrode.

9 Innovationsräume am Beispiel von Weltmarktführern in Deutschland

Dadurch, dass viele Untersuchungen auf urbane Agglomerationen als „Hotspots" der globalisierten Wissensökonomie fokussieren, wird bei der Erforschung geographischer Charakteristika von Wissensdynamiken ein Bild gezeichnet, welches urbane Zentren – fungierend als vernetzte Knotenpunkte in einer globalisierten Welt – als Katalysatoren für Innovationsprozesse darstellt.[40] Forschungen, die eine vergleichende Perspektive auf Innovationsaktivitäten von Unternehmen in ländlichen, peripheren oder nicht-metropolitanen Räumen einnehmen, existieren hingegen nur wenige. So ist der Großteil der Untersuchungen als stadtfixiert zu kritisieren, was mit einer allgemeinen Tendenz in Zusammenhang steht, per se einen negativen Zusammenhang zwischen der Lokalisation von Unternehmen in peripheren Lagen und ihrem Innovationsvermögen anzunehmen.[41]

Durch unsere Untersuchungen zu hoch innovativen und international agierenden Unternehmen in scheinbar peripher gelegenen Räumen Deutschlands haben wir indes eine Gegenposition zu diesen Diskursen entwickelt. Ausgehend von unserer Beobachtung, dass etwa 20% der deutschen Weltmarktführer an scheinbar peripheren Orten angesiedelt sind (dieser Wert entspricht in etwa der Bevölkerung und der Anzahl der Arbeitsplätze in diesem Raumtyp), müssen wir aus einer ökonomischen Perspektive die Annahme in Frage stellen, dass in Deutschland (Wissens-)Peripherien existieren. Die Ergebnisse unserer Forschungen deuten darauf hin, dass die von uns untersuchten Weltmarktführer unabhängig von ihrer räumlichen Lage nach ähnlichen Prinzipien international agieren sowie identische Raumformate und gleichermaßen internationale Netzwerke nutzen.

Im Vergleich der beiden Gruppen (Weltmarktführer in Agglomerationsräumen und in agglomerationsfernen Räumen) zeigen sich keine signifikanten Un-

---

[40] J.R. Faulconbridge, „Stretching Tacit Knowledge beyond a Local Fix?", *Journal of Economic Geography* 6 (2006) 4, S. 517–540; E.J. Malecki, „Everywhere?", *Journal of Regional Science* 50 (2010) 1, S. 493–513; A. Rodriguez-Pose und R. Crescenzi, „Mountains in a Flat World: Why Proximity Still Matters for the Location of Economic Activity", *Cambridge Journal of Regions, Economy and Society* 1 (2008) 3, S. 371–388; R. Shearmur, „Are Cities the Font of Innovation? A Critical Review of the Literature on Cities and Innovation", *Cities* 29 (2012), S. 9–18.
[41] A. Rodriguez-Pose und R.D. Fitjar, „Buzz, Archipelago Economies and the Future of Intermediate and Peripheral Areas in a Spiky World"; R. Shearmur, „Are Cities the Font of Innovation?", *Cities* 29 (2012), S. 9–18; F. Tödtling, und M. Trippl, „How Do Firms Acquire Knowledge in Different Sectoral and Regional Contexts?", Lund University, Papers in Innovation Studies 25 (2015).

terschiede hinsichtlich der innovationsrelevanten Formen der Kooperation („pipelines"). Beide Gruppen sind hinsichtlich der räumlichen Lage ihrer Kooperationspartner_innen sowie hinsichtlich der von ihnen durchgeführten Innovationsprojekte, der beteiligten Standorte sowie ihrer Absatzmärkte vergleichbar. Weiterhin konnte keine besondere Relevanz von regionalen Kooperationsformen („local buzz") von Unternehmen im Agglomerationsraum belegt werden. Im Vergleich der beiden Gruppen zeigen sich lediglich minimale Unterschiede hinsichtlich der Häufigkeit von Kooperationsbeziehungen zu Partnern außerhalb Europas (geringfügig höherer Wert bei Unternehmen in Agglomerationsräumen), hinsichtlich des lokalen Engagements der Unternehmen vor Ort (intensivere Zusammenarbeit mit der lokalen Verwaltung durch „periphere" Unternehmen) sowie Unterschiede hinsichtlich der Typen von Unternehmen in Abhängigkeit ihrer räumlichen Lage (Dominanz von kleinen, relativ jungen und wissensintensiven Unternehmen in Agglomerationsräumen; größeren und älteren, aber ebenfalls innovationsstarke Unternehmen auch abseits der Agglomerationsräume).

Unsere quantitativen Ergebnisse zeigen weiterhin, dass der eigene Standort der Unternehmen unabhängig von ihrer Lage als überwiegend positiv eingeschätzt wird. Zwar werden bei peripher gelegenen Unternehmen Aspekte wie die Erreichbarkeit des Standorts, die internationale Vernetzung und dessen Attraktivität negativer bewertet, andere Aspekte wie das Profitieren von Tradition und der aktiven Beteiligung an Prozessen der Stadt- und Regionalentwicklung jedoch leicht positiver.[42] Grundsätzlich muss die Relevanz der Verbindung Innovation und Agglomeration – zumindest für den deutschen Kontext – als überwiegend diskursiv aufgeladen betrachtet werden. Dies steht im Zusammenhang mit einer dominanten und wirkmächtigen Zentrum-Peripherie-Zuschreibung, die sich auf mehreren Maßstabsebenen vom Regionalen bis zum Globalen wiederfindet. Sie konstruiert Städte, Agglomerationsräume und einzelne wirtschaftsstarke Regionen als fortschrittlich, innovativ und besonders lebenswert und andere Regionen im Umkehrschluss als unattraktiv und rückständig. Wie unsere Untersuchungen zu deutschen Weltmarkführern zeigen, gibt es allerdings eine Vielzahl empirischer Beispiele, die diesem gängigen Narrativ widersprechen.

Ob diese Thesen als eingeschränkter Befund für den deutschen Kontext zu verstehen sind, oder auch darüber hinaus zutreffen, vermag der vorliegende Beitrag nicht abschließend zu klären. Dennoch deuten aktuelle Studien aus

---

[42] L. Vonnahme und T. Lang, „Peripher global: Ergebnisse der standardisierten Befragung zu Innovationsaktivitäten von Weltmarkführern in Deutschland", *Working Paper Series des SFB 1199* 18, (2019).

dem Forschungsgebiet der Innovationsgeographie darauf hin, dass diese Befunde für weite Teile Europas und Nordamerikas aufrechterhalten werden können und hier stark verdichtete, territorialisierte Raumformate (wie zum Beispiel global vernetzte Metropolen) für die Generierung von Innovationen an Bedeutung verlieren bzw. in ihrer Bedeutung lange Zeit überschätzt wurden. Hier zeigt sich folglich weiterer Forschungsbedarf hinsichtlich der regionalen Ausweitung solcher Studien über vergleichsweise gut beforschte regionale und nationale Kontexte hinaus (z.B. östliches Europa, Zentralasien und Asien, Afrika, Südamerika).

10 Zusammenfassung

In diesem Band haben wir Innovationsräume auf unterschiedlichen Maßstabsebenen als Knoten und Begegnungsräume in unterschiedlichen Formen von sozialen, translokalen oder virtuellen Netzwerken konzeptualisiert. Innovationsräume sind damit zwar räumlich verankert, aber nicht territorial begrenzt. Dies entspricht einem aktuellen Verständnis von Innovation als wissensfundierter und interaktiver Prozess, der in der Regel eine Vielzahl von Akteuren an unterschiedlichen Orten beteiligt. Mit diesem Zugang haben wir eine dynamische, räumlich offene, relationale und akteursbezogene Perspektive betont, die dem herkömmlichen Verständnis räumlicher Aspekte im Innovationsgeschehen in weiten Teilen widerspricht. In diesem traditionellen Verständnis werden Struktur- und Kontextbedingungen als räumliche Voraussetzungen von Innovationsprozessen tendenziell überbetont, wohingegen dynamische Elemente, alternative oder temporäre Formen von Nähe sowie Interaktionsprozesse über räumliche Distanzen weniger Beachtung finden.

Auch wenn sich weite Teile der Wissensinfrastrukturen und Wissensressourcen räumlich konzentrieren (häufig aufgrund politischer Erwägungen und Standortentscheidungen), bleibt der Zugang zu diesen Infrastrukturen und Ressourcen räumlich flexibel. D.h. es bedarf keiner räumlichen Nähe zu Wissensquellen, um sie erschließen zu können. Dies bedeutet weiterhin, dass die Relevanz impliziten, regional gebundenen Wissens in der Fachdiskussion bisher tendenziell überschätzt wurde, und beispielsweise auch über verschiedene Formen von Mobilität Wissensquellen erschlossen werden können, die für Innovationsprozesse relevant sind.

Mit unseren Überlegungen wollen wir dazu beitragen, den aktuellen Trend der Fixierung auf die größeren Städte als regionale und globale Hot Spots einer wissensbasierten Ökonomie kritisch zu hinterfragen. Gleichsam betonen wir damit die unterschätzte Bedeutung alternativer Raumformate, die auf Netzwerken und translokalen Praktiken beruhen und für ökonomische Akteure besonders relevant sind. Innovationsräume müssen in diesem Sinne verstärkt dynamisch und territorial offen gedacht werden. Das Beispiel der Weltmarktführer in Deutschland zeigt schließlich, dass hochinnovative und international agierende Unternehmen gleichermaßen in ländlich peripheren Räumen und in hochverdichteten Großstadtregionen erfolgreich sein können.

www.ingramcontent.com/pod-product-compliance
Lightning Source LLC
Chambersburg PA
CBHW071415300426
44114CB00016B/2308